我们大于我

通往更快乐的人生

李惠森 著

SPM
南方出版传媒
广东经济出版社
·广州·

图书在版编目（CIP）数据

我们大于我：通往更快乐的人生 / 李惠森著．—广州：广东经济出版社，2022.1

ISBN 978-7-5454-8117-4

Ⅰ.①我… Ⅱ.李… Ⅲ.①人生哲学—通俗读物 Ⅳ.①B821-49

中国版本图书馆CIP数据核字（2021）第246757号

责任编辑：刘　倩
责任技编：陆俊帆
装帧设计：友间文化

我们大于我——通往更快乐的人生

WOMEN DAYU WO——TONGWANG GENG KUAILE DE RENSHENG

出版人	李　鹏
出　版 发　行	广东经济出版社（广州市环市东路水荫路11号11～12楼）
经　销	全国新华书店
印　刷	广州市友盛彩印有限公司 （广州市增城区新塘镇太平洋工业区113号厂房A2一楼C区）
开　本	889毫米×1194毫米　1/32
印　张	4.5
字　数	70千字
版　次	2022年1月第1版
印　次	2022年1月第1次
书　号	ISBN 978-7-5454-8117-4
定　价	55.00元

图书营销中心地址：广州市环市东路水荫路11号11楼
电话：（020）87393830　邮政编码：510075
如发现印装质量问题，影响阅读，请与本社联系
广东经济出版社常年法律顾问：胡志海律师

关于李惠森

李惠森（Sammy Lee）是李锦记家族第四代成员之一，也是李锦记健康产品集团主席、“首席无形官”兼“首席爽官”，另著有《“爽工程”共创更快乐的世界》《思利及人的力量：成就一生的9个法则》及《自动波领导模式》等书籍。

目 录

鸣 谢

本书凝结了所有“我们 > 我”践行者的心血，正是他们真诚无私的奉献，本书才得以成功出版。

谢谢与我分享自己真实故事和见解的朋友，他们真情实感的体会能给读者带来深度共鸣，对此我深表感谢。

感谢项目团队成员的付出：黄玉娟女士、黎婉珊女士、王子颖女士、林婉婷女士和谢轶同女士。同时，还要感谢Richard Tunbridge先生、郑茜女士和邝世杰先生为本书编辑及设计插图。

感谢为了共同目标而奋斗过的所有幕后英雄，有赖于他们不断支持，本书才得以完成。

最后，由衷地感谢我的父亲李文达和母亲李蔡美灵，我的兄弟们Eddy、David和Charlie，姐姐Elizabeth，我的妻子Wendy和女儿们Jamie、Jessie，感谢你们这些年来给我的无限支持与关怀，你们是我一直以来的快乐源泉。

前 言

翻开这本书，一段全新的旅程即将展开，带领你体验更幸福快乐的人生、建立更健康的人际关系、职业发展更上一层楼。你将会在这趟旅程中感受到，心态上的细微转变就能给人生带来巨大不同。

这本书谈什么？

改变看问题的固有角度，能让我们将现状和前景看得更清楚——这是“我们 > 我”的基本概念。只有跳脱“以自我为中心”的视角，我们才能看到更辽阔的景致、理解更宏观的意义。

做起来难吗？比你想象的要简单得多。

怎样实践？

书中分享了一些个人经历故事，从中你能看到“我们 > 我”这一涵盖生活各个方面的思维方式是如何形成和实践的。真实经验无可替代，历练是最好的老师。无论是我茅塞顿开的一刹那，还是身边同事和朋友的切身体验，你都可以看到他人如何从中受到启发，并将这些基本原则应用到生活中，体会思维转变如何带来正面的影响及更快乐的生活。在书中，你会看到“直升机思维”“3P”这样的术语，现在对你来说好像还很抽象，但很快这些基本原则就会成为你的直觉本能。在详细了解后，你会想要学到更多的运用方法。

为什么要看这本书?

我们希望透过分享以上概念及个人经历，鼓励大家转变思维从而获得快乐，或许你会受到启发想去参加一些关于如何获得快乐的工作坊（比如“爽工程”等），通过不断实践和反思，最终获得秘密钥匙，为自己和他人打开共同幸福快乐之门。

寻找快乐的旅程何时开始?

寻找快乐的旅程从此刻开始，让我们出发吧。

1

我我我

我心碎了

我孤独无助

我很痛心

我不被欣赏、不被理解

我充满矛盾，既生气又失望

我感觉被背叛了，压力千斤重，疲惫不堪

我走在黑暗的路上，尽头没有一丝曙光

我洞悉当中的利害关系，扛下了所有事情

我该离开了，我需要重新开始

我没有其他选择

我会独自承担

我会为自己做最好的打算

我是对的

这是我在1998年时的心态。

看上去我好像特别以自我为中心，或许事实正是如此。那时候，我诸事不顺，总是从自己的角度出发，极力维护个人得失。

这样的心态比较戏剧化，也许是当局者迷。人生的转折点变化万千，常常进退两难，需要步步小心。利己是人的本能，那时的我也是这样。经过多年的跌宕起伏，我的生活与事业面临双重危机。在人生的十字路口，我面临一个重大抉择，而这个决定会给我的人生、家庭和事业带来巨变。

在私心和情绪的驱使下，我不得不二择其一：是做对自己最有利的事，还是以大局为重?

最终，我做出的选择让所有人都感到惊讶，包括我在内。

带来的结果也是令人难以置信的。

这个决定改变了一切，包括我的职业生涯、公司业务方向以及企业文化。它以前所未有的方式带给我成功、健康和快乐，又改变了我身边每个人的生活。这一切都来自我的顿悟：转换角度、改变习惯。

我事后自省，开始回想在这个扭转人生的事件中我心态的变化，结果令我十分意外。当我换了个角度看事情，便发现了令所有人都受益的解决方案，看到了机会，找到了人生目的和意义。

是否只要换个角度看事情，每个人的人生都能更上一层楼？

当局者迷，处于旋涡的中心时，我看不清大局。但是，站在更高的位置看问题时，我看到了更完整的画面，开始理解他人的感受、动机、行为和目的。

就在这个时刻，我顿悟了。

当然，要做到并不容易，要养成这个习惯就更难了，然而只要领悟一点点就能让你的世界从此不一样，变得海阔天空。

那么，我是怎样做到的呢？

顿悟瞬间

通过分享自身经验，不断反思和实践，我发现其他人也能借着改变思维方式活得更加快乐。我们把这一新思维模式运用到业务上，重整公司，并开创了全新的企业文化，这给我们带来了空前的增长和成功。

我希望未来可以帮助他人活得更健康、更快乐和更成功。为此，我出版了不同的著作并举办工作坊，我们在哈佛大学建立了李锦裳健康与快乐研究中心，同时就中国的家族企业传承问题发起了公开讨论。

本书的写作灵感来自那起改变人生的事件，希望也能给你带来启发。书里介绍了一些简单的实践方法帮助你领悟，从而活得快乐，无论是家庭、公司还是社会，同样适用。

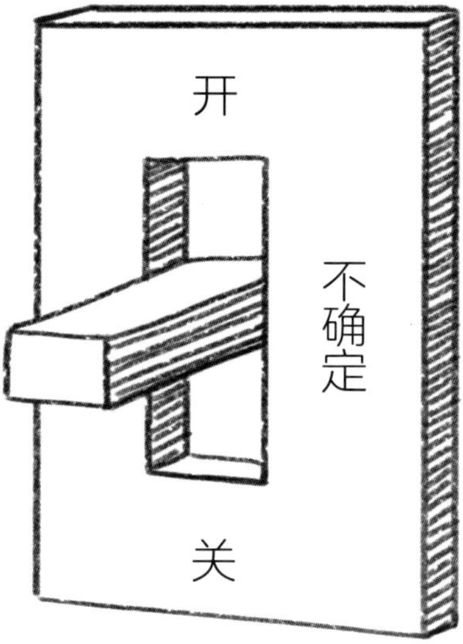

顿悟开关

实践 + 反思 ⇒ 顿悟

本书里有日常例子和应用实践，还有他人分享的个人故事，讲述这些转变如何影响他们的生活。

你将从中学会如何活得更快乐、更有意义，并由此开启这条通往个人成长和职业发展，人人都适用的有效途径。

一切都从“直升机思维”开始，当我们上升到一定高度时，你也将体验到这个视角带来的惊喜。

2

完美风暴

人生总有某个灵光一闪的瞬间，所有事情一下子都找到了答案，前路豁然开朗。这个瞬间出现之前，总要经历一段充满困惑的黑暗时期。在自然界中，所谓黎明前的黑暗，指的就是白昼前最后的黑暗时刻。放诸人生，就如危机总会带来顿悟和变革。

我人生最黑暗的时刻就是1998年。

那年出现了一个涉及个人际遇、事业困境和国家政策改变的完美风暴，当时我们正在内地扩展家族业务。1992年，我们与广州第一军医大学成立了一家合资公司，业务以研发、制造和分销中草药保健产品为主。然而，首三个月的销售额仅达30000元人民币，市场需求远低于预期。工厂的车间堆满了滞销产品，我们不得不让全部工人放假。当时如果情况继续恶化而我们又没有找到解决方案，工厂就要关门大吉了。

作为权宜之计，我们选择把所有业务暂停两个月，召回所有产品，重新评估形势。

这无疑令我们非常失望和沮丧，也令所有受影响的员工极度紧张和焦虑。事关重大，如果我们解决不了问题，数百名员工的生计将会受到影响。这迫使我们重新思考策略，全力应对。

根据当时的状况，我发现了三个关键问题。

首先，市面上有成千上万的保健产品和品牌，消费者无从选起，我们的品牌也很难脱颖而出。保健产品销售主要还是依赖直接互动、个人销售和口碑传播。

其次，假冒伪劣的保健产品随处可见。 中国消费者在选择保健产品方面非常谨慎，因为劣质产品不仅没有效果，还会引起严重的健康问题，这点毋庸置疑。每个品牌都宣称有着相似的功效，人们难以辨别出真正的好产品。

最后，即使达成了销售订单，由于交易大多以记账模式进行，货款也不能立刻打到公司账上。

虽然我的直销业务经验有限，但找到问题所在后，我意识到创新突破是关键，于是我采用了面对面进行直接分销的新模式。

随后销售额大幅增长，效果立竿见影。最重要的是，80%的客户表示会复购我们的产品并推介给其他人。

我们一鼓作气，将所有的精力和资源都投到了这项业务中。三个团队每天二十四小时轮班工作，提高产量。业务规模持续扩大，销量每三个月翻一番。看到美好的前景，团队都很受鼓舞，而我看见大家努力付出，共享成果，也很有成就感。

公司利润持续增长，我们的生活一片美好。然而世事无常，此时，另一场危机正在酝酿。

1998年，国家政策调整导致公司业绩暴跌。第二年，销售额下滑了90%，我们除了必须再次关闭工厂，解雇工人，还要处理合资企业的股权问题。我们只有两个选择 —— 要么买断，要么清盘关门。

这两个突如其来的打击让我极度沮丧。数年的辛苦打拼，无数个牺牲掉的周末，都要付诸东流了。那几年，我几乎把所有时间和精力都献给了工作，每周7天，从早上8点到凌晨2点，一天工作18个小时。在家人最需要我的时候，我没有时间顾及他们，全身心投入内地的工作中。我的大女儿在1992年出生，当时公司才刚成立，我没有时间陪伴她，完全由妻子独自照顾，错过了她成长的很多珍贵时刻。

夜以继日的工作掏空了我的身体。由于长期缺乏休息以及频繁应酬喝酒，我的身体每况愈下，患上了脂肪肝、痛风和高血压。直到某天，我感到呼吸困难，以为自己心脏病发，住进了医院。要做手术吗？做“血管成形术”？我很担心。诊断结果出来后，发现我不过是胃胀气，只是病征跟心脏病相似而已。但无论如何，我的健康警钟响彻耳边。

祸不单行，此时公司的经营也直跌谷底。

董事局决定，要停止并出售亏损的业务。这对我又是一个打击，我觉得被背叛了，谁的话都听不进去，人也日益消沉，快乐指数降到了-100。我觉得全世界都对不起我。

我心里想，我付出了这么多心血，为什么没有人关心我？为什么我要独自承担这一切？我为公司付出所有，为什么没有人感激我？为什么他们要放弃对我而言至关重要的一切？

我全身心扑在工作上，牺牲了那么多陪伴家人的时光。我不能理解的是，当公司顺风顺水的时候，大家可以一起享受胜利的果实，而遇到困难的时候，为什么不能多给我一个机会。我告诉自己，如果他们不支持我，我宁可放弃李锦记酱料集团的股权，就算自己单干，也要继续经营李锦记健康产品集团的业务。

接着，我们进行了长达九个月的紧张谈判。家人劝我换个角度看问题，但我不予理会，固执己见。

我想自立门户。

然而，这样做的后果也不言而喻。父亲和我都意识到，如果我单干了，不仅意味着业务和股权的分拆，我们的家族也可能从此分裂，我和父亲也将成为路人。

我和兄弟姐妹的关系也在恶化。妻子察觉到我与家族成员之间的紧张关系，知道我很沮丧，非常担心。我的迷茫和挣扎也让管理层、员工感到不知所措，大家很担心公司的未来，工作氛围也紧张、不安起来。

为了调和我们之间的分歧，父亲给我看我童年的照片，让我回忆起昔日家人在一起的欢乐时光。但是，我仍然决心继续走这条散伙之路，不惜与生命中最重要的人疏离。

在我看来，我这么做是迫不得已，是唯一和最好的选择，其他一切都无所谓。我跟家族成员日渐疏离，迷失在自己的世界中。

然而，就在我们达成谈判、准备了断时，转机闪现。

最后一秒，苦思之中的我突然问了自己一个不一样的问题：

我这么做是为了什么？

也许，只是也许，事情不必搞到这个地步，也许这一切都是我自己造成的。这个短视的解决方案，可能会在未来给我、家族和我们的业务埋下一连串隐患。

我突然顿悟了。

我只从自己的角度看待这件事，完全没有考虑他人的看法和感受，不管现在，不顾将来，我太固执己见了。

我错了。

庆幸的是，我及时醒悟，就在那一瞬间，我走出了自我的局限，进入另外一个境界。

就在这一刻，我想通了。

我试着站在父亲的角度，看得更长远一些，也从兄弟姐妹的视角去审视这笔交易。我意识到，公司一旦出现亏损，董事局的职责就是要果断采取措施，尽力止损。自然，我也联想到了家族命运。

其实，我们的目标是一致的，解决之道并不是非黑即白，一定还有更好的办法。

我提出了一个解决方案，回想起来简直是疯狂之举，超高难度，却是绝对正确的。

我决定留下来，竭尽全力拯救公司。

我召集父亲和兄弟姐妹们开了一个家庭会议。我们开诚布公，纵谈全局，尊重彼此的意见。人人都意识到，我们的目标是一致的，并不是水火不容。

最终，大家决定给我一年时间，去达成一个看上去公平却很具挑战性的销售目标。如果我失败了，公司就必须清盘。

董事局和管理层主要成员着眼于长远发展，对一个相当有难度的“五年计划”达成共识，希望借此扭转公司的局面。由于我们没有足够的资金聘请策略顾问，只能靠自己研究制定出这个五年计划。

这就是我们公司历史上的第一个五年计划。

这是一个很有挑战的目标 —— 五年内业绩要增长12倍。许多同事公开质疑我们是否有能力兑现。

最终，在所有人的理解和支持下，我们做到了——仅用四年就提前实现了五年计划，业务成倍地增长，公司日益发展壮大。至今17年过去了，公司业绩已实现了203倍的增长。在这个过程中，我们也创造了让人们更成功、更快乐的企业文化。

想想我当初的样子，以及公司的处境，这一结果简直是奇迹。但是，如果我没有遭遇那场个人危机，没有在最后一秒顿悟，公司可能已经不存在了，更不用说成功。

如果我当初继续固执己见，只从自己的角度出发考虑问题，那么我的健康、家庭以及事业可能都完了。正是多维度、升高角度看问题，我才把整个局面看清楚。

除此之外，我还找到了人生的意义和方向。

我身边很多人的生活因此改变，无论是个人生活、职业发展、业务拓展还是家庭和睦方面，每个人都受益匪浅。这给我的启发是，做事要先人后己，才能共赢。

“我们”大于“我”。

如果我早点醒悟、早点找到人生的目标，那又会是一番什么景象呢？这样可贵的顿悟时刻可以在生活的其他方面上找到吗？

如果可以，生活一定会大不相同。

从那一刻起，我决心在采取任何行动之前，先从更高的角度来审时度势，不再从个人利益出发，而是从“我们”的角度衡量，跳出自己的局限，放眼全局。

我开始运用直升机思维。

“从这个高度我可以
看到未来。”

“从这个高度我可以
看到整个城市。”

“从这个高度我可以
看到邻里。”

角度才是重点

从个人主观的视角看世界，你无法看到全貌，很小的困难都会被放大。但从更宽广的视角来看时，大山一样的问题立刻会变成小丘，当你看到全局，你会发现更多对未来有深远意义的机会。

我们越用直升机思维纵观大局，生活越会变得美好。

换个角度看问题带来的影响超越了商业决策的范畴，也改变了我的人生。就个人而言，我感到更加快乐和充实，找到了人生的目标。我的家庭乃至整个家族企业也因此获益良多。这重塑了我们的思维方式，大家开始从集体角度重新审视自己的角色、公司在市场中的定位，以及我们的社会担当。

每当回顾1998年那场危机，我总是在想，如果当时我没有顿悟，我的人生将是另一个样子：健康状况持续恶化，妻子和孩子不得不继续忍受痛苦，我和家人之间的关系可能就此破裂，无法修补。而家族业务的命运又会怎样呢？如果我能早点意识到应该更全面地看问题、采用更包容的心态和思维方式，本应可以避免多少痛苦和焦虑啊！

这次茅塞顿开对我的家庭和整个家族企业产生的连锁效应是巨大的，引领着我们乘风破浪，一往无前。

直升机思维改变了我的人生，同样也可以给你和你身边的人带来与众不同的精彩人生。

塔

我记得一个关于埃菲尔铁塔的故事。铁塔的建造者们来自世界各地、各行各业，有炼钢工人、焊工、画家、工程师、艺术家和建筑师，在铁塔工程中各司其职。

每个人面对工作的心态和思维方式都不相同，即便是那些领着相同酬劳、完成相同任务的工人，他们的工作动机和方式也可能不同。

比如说，有一个炼钢工人他根本就不想待在那里。也许对他来说，这只是一份工作，做完了能领到工钱，有了工钱就可以糊口。他对自己从事的工作并不那么感兴趣，可以随时离开，转而从事另一份工作。对他来说做什么都一样，都只是一种谋生手段。

而另一名和他一样的工人可能对自己的工作更加投入，因为他想要让事业更上一层楼，所以来到这里建塔。通过参与这项伟大的工程，他可以获得更好的职业发展。

还有一个工人，他有远见，有激情，看到了这项工程的意义和重要性，被工程的宏伟规模吸引而来，每一天都对工作表现出极大的热忱，还鼓励他的同事们一起努力，为伟大工程做出贡献。他知道许多年后，整个世界都会来参观并赞美他们的成就，他们也会因这项工程而被载入史册。

这些思维方式上的差异正是最有意思的地方。

所有人都在相同的岗位上为同一个工程工作，但是每个人对自己在做什么，以及为什么这样做的认知却不同。有些人看到问题和困难，有些人则看到挑战和机遇。

这个故事展示了面对同一事件，不同的思维方式带来的心态差异。从事同一份工作的人可能都抱着完全不同的期望，产生的结果也各不相同，这完全取决于我们的个人视角。我们可以短视地解决眼前的问题，反之亦可多走一步迈向更大目标，甚至是更长远的宏伟成就。

如果我们用“直升机思维”从更高的视野来俯瞰，一个事件也许会出现上述三种情况，甚至更多其他可能。只要我们站得更高一些，就能看得更清楚。与那些拥有广阔视野的员工相比，有时候可能连企业的首席执行官都会显得过于纠结细节而忽视了全局。

通过扩展自己的视野，朝着共同目标努力，我们在任何事情中都可以找到满足和快乐，既能实现个人目标，又能为大众利益做出贡献。

Sammy

“我在赚钱。”
“我在建立事业。”
“我在创造历史！”

3

从“我”到“我们”

大多数人都从“我”的角度看问题，这是人的天性。我们是小孩子的时候，都是从单纯的、个人的角度观察事物，以满足我们即刻的需求为中心。

这就是从个人角度出发的第一个视角（first-person point of view），简称1P。

大部分人的行为都基于1P，从“我”的角度审时度势。遇到问题时，满脑子都是个人利益。如果我们能停下来思考一下整个情况，便会发现给我们带来不满和负面情绪的源头恰好是1P。

我们会有何得失？

在人生的平衡等式中，很多人本能地假设，有人赢就必然有人输。但其实生活并不是零和博弈，不一定非赢即输，双赢的例子比比皆是。如果双方都做出一定的妥协，反而能实现共赢。在这一过程中，无论你有没有意识到，你都已经在从他人的角度思考问题了。

这就是从对方角度出发的第二个视角（second-person point of view），简称2P。

外国有这样一句谚语：“穿他人的鞋，走一英里路”（Walk a mile in someone’s shoes），意思是人要有同理心，懂得换位思考，这是迈向更高境界的第一步。要做到以他人为先，需要成熟的心智和足够的历练，而让这成为一种自然习惯，则更具挑战。

要从更广阔的角度分析形势，我们的眼光不应局限于当下，应采用“直升机思维”。

这就是从全局角度出发的第三个视角（third-person point of view），简称3P。

从更高的角度来考量所有影响全局的因素，能让你跳出眼前的局限，找到让大家都获益的最佳方案。

通过练习和反思，我们会习惯用3P角度看事情，顿悟时刻出现的次数也会逐渐增多。面对不同情况时，你都能熟练、准确地评估和判断，采取有效行动。应用3P带来的成功可能会超乎你的想象。

为别人考虑并不意味着“我”不存在了，相反，你也是大局中的一员，运用3P说明你更加意识到自己在实现集体利益与成功中扮演的角色。

就像孔子说的，身修而后家齐，家齐而后国治，国治而后天下平。只有先做好自己，才能兼顾个人幸福和社会和谐。

又比如此时你在飞机上，乘务员正在介绍安全须知，其中有一条是，请先确保自己已经正确戴上氧气面罩，再去帮助他人佩戴。这样要求是有原因的，只有当自己的身心状态最佳时，才能有效地帮助别人。

“那‘我’呢？”

拥堵

我住的地方到地铁站走路需要十分钟。有天我下班回家，看到附近的交通严重拥堵，水泄不通。

一辆小货车挡在十字路口，四个方向的车辆都被堵得无法移动。

它的左边是排成长龙的汽车，右边则是往来不绝的行人和摩托车，两边都被堵得死死的，名副其实的左右为难。

司机想，没有办法了。至少从他驾驶座的角度看来，确实是这样。

无论车型大小，每辆车都有视线盲点。司机看不见后视镜照不到的地方，但我作为旁观者看得到。

其实还是有移动空间的。

我原本可以完全不管，直接离开，交通拥堵对我没有任何影响。但转念一想，或许我可以帮他们一把。

我站在小货车前，提示司机在他左边看不到的地方还有移动空间，引导他开出十字路口。他立马照做，交通渐渐畅通起来。

这一刻我想起1P、2P、3P。

司机被卡得动弹不了，不知所措，只能坐在那儿听天由命，这是他的1P；其他车辆和行人只顾着自己赶路，对问题漠不关心，反而导致交通更加拥挤，这是他们的1P和2P；我的转念，从“我”上升到“我们”，发现其实解决方法很简单，最终疏通了拥堵，这是因为我采用了3P。

在日常生活中简单应用“直升机思维”足以让我意识到全局观念的重要性。无论是在生活中还是工作中，看得更远，能让我们走得更远、更快。

Bruce

“放轻松，我肯定已经有人在想办法了。”

重新定义成功

社会正以惊人的速度发展，这些年来，我们与他人沟通联系的方式不断发生变化。从20世纪五六十年代的婴儿潮到X世代、千禧一代和即将到来的Z世代，电子邮件、智能手机、即时通信和表情符号已经取代了书信和电话。

看看你身边的人，机不离手的大有人在。无论是在过马路、开车、遛狗、与孩子聚餐，还是在办公室、公交站、咖啡馆里，甚至在卫生间门口排队时，手机都常伴我们左右，吸引着我们的注意力。人们不再抬头探究周遭事物，全都变成了低头一族。

“多喝喝茶，聊聊天，‘点赞’！”

我们越依赖科技与人交流，在现实世界里彼此的情感便越发疏离，真是讽刺。在这充满压力、前景不明的年代，这个问题尤为明显。

教育方法和价值观也发生了变化，家长将孩子的成长“外包”出去，大部分学校只重视学生个人的学习成绩，不培养他们的集体意识和3P观念，这样教出来的孩子自然更加以自我为中心。社交媒体鼓吹及时享乐、即刻奖赏和自恋等风气，虚拟世界由1P主导，现实社会也过度推崇个人成就。

那么，成功的真正定义到底是什么？又应该如何衡量呢？

我曾经问一群学生他们认为最成功的人是谁，答案毫不令人意外。大部分人都认为财富应该是衡量成功的第一标准，名望是人生追求的终极目标。他们很看重在社交媒体账号上收到的点赞和粉丝数量，视频网站更是广受欢迎。这些真的可以用来衡量快乐吗？

有财富一定能获得健康、快乐和满足感吗？

人们常说“高处不胜寒”“金钱买不到快乐”，这么说一定是有理由的。

学者们做过大量探寻快乐的成因、影响和价值的研究，越来越多的流派表明，快乐与否才是衡量人生价值的指标，也趋向以快乐和情绪健康作为成功的指标。除财富、名望和声誉以外，人生的意义在于如何让他人的人生更好。因此，追求“个人利益”之外的东西变得越来越重要。

3P能促进价值观念的转变，在个人、社会、专业层面带来成功。我在运用3P后受到启发，开始帮助他人构建美好生活。除了有助于改善人际和商业关系，这种促进快乐、和谐的思维还能影响整个社区，乃至整个世界。

要做到并不难，我们只需先为他人考虑。越早转变心态，越是能为每个人带来好处。

机器人

我儿子在上小学，有一门课要求学生制作机器人，然后让机器人互相作战。老师根据学生的能力强弱进行了分组。

这是个很有趣的活动，但也是场比赛。对于孩子来说，输赢很重要，大家都想赢得奖项。

我儿子的战绩是一胜一负，本以为他会很高兴，但他却很沮丧，于是我问他为什么。

他说，有些同学赢了两次，他觉得老师很偏心，总是让他跟厉害的选手对战，他同学的对手却没有那么强。

如果这样想，确实很令人难过失望，但我鼓励他从另一个角度来看待这件事。

我说道：“来，我们用直升机思维看看这件事。

从你老师的角度来看，你的班级是一个团队，如果不让你们分组比赛，那团队便不能在更多的比赛中获胜，相对而言，让你与强的对手比拼，可为团队取得更多的胜利，你们班的赢面才会增加，你应该为自己的努力感到骄傲才是；要不是因为你，才不可能赢呢！”

他想了想，笑了起来。“我们 > 我”的思维方式让他重拾对自己的认可，通过在团队中发挥自己的作用，他的个人努力也给其他成员带来了成功。

Connie

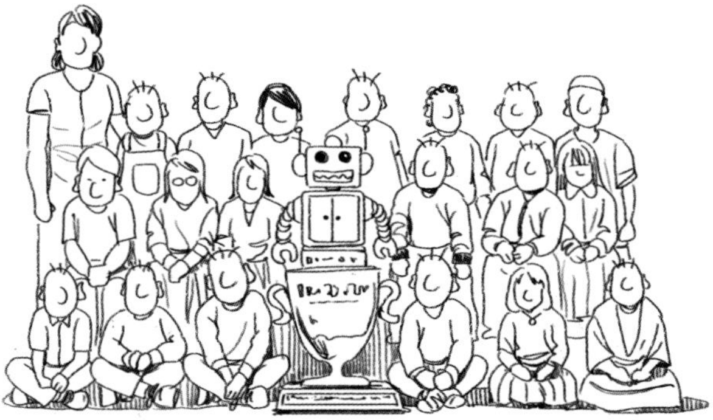

4

唯有飞高

要逐步从1P转变到2P，再到3P，你需要学会从他人的立场和角度看问题。盲人摸象的故事就是最好的例子。

很久以前，远在互联网出现之前，一个村庄里住着几个盲人，他们以前从来没有见过大象。当知道村子里有人带回来一头大象时，大家自然都感到非常好奇，可他们看不见，只能靠用手摸来感知大象的形状和外观。

大家既兴奋又紧张，决定分别触摸大象的不同部位，然后再向彼此描述这个部位的形状。

第一个盲人摸到的是大象的鼻子，细细长长，粗糙坚硬。突然大象用鼻子环住了他的手臂，他说："大象长得像一条蛇。"

第二个盲人摸到的是大象的耳朵，又大又平，前后摆动，扇起一阵微风吹过他的脸，他对其他盲人说：

“我认为大象长得像一把大扇子。”

第三个盲人走过去，抱住了大象的腿，但太粗了，双臂只能勉强抱住，于是他把大象比作一根树干。

第四个盲人朝大象走去，撞上了它的肚子。他伸出手摸了摸面前这个宽大平整的部位，说道：“大象就是一面墙。”

这几个盲人开始讨论起来，怎么会这样呢？这到底是个什么奇怪的东西？

第五个盲人抓起了大象的尾巴，尾巴很细，末端毛糙，挥动起来咻咻作响，于是断定：“大象是条绳子。”

最后一个盲人摸到了象牙，触感坚硬平滑，末端尖尖的，便把大象比作一根长矛。

这时候，每个人都开始质疑彼此的判断，甚至怀疑对方在撒谎，争论很快升级成了扭打。这本该是众人集思广益相互启发的时刻，却让大家差点反目成仇。

这是个由1P引起的典型冲突，你也可能有过类似的经历，而且不止一次。

当我们只从自己的角度看待问题，思维会局限于个人感受和体验，继而忽视他人的看法，认为别人的观点不比自己的重要，被困在自己的片面理解中，竟不知道可以从另一个角度解读同一件事情。

如果这个故事中的每个人都意识到原来自己只掌握了部分信息，根本得不出正确的结论，那结果会怎样呢?

要是他们能认真听取对方的描述，思考各种可能性，就能看到不一样的画面，每个人会积极地探讨见闻，乐在其中。

要是他们能采用2P，尊重他人的感受和看法，该有多好。

一个人无法做到全知全能，如果能保持开放态度，事情可能就完全不一样，会有更加令人满意的结局。

当盲人们为了大象争论不休时，想象此时有人加入了讨论，他能够运用3P看到全局，向所有人解释道："从你们个人的角度来看，大家都有道理，可是判断过于片面，只说对了一部分。事实上，只要把你们的理解拼在一起，就会得到一种完全不同的动物。"

真正的客观不仅意味着能接受他人的观点，也需要获取信息、沟通交流、深思熟虑与共同协作。

即使一个有眼界的人有时也难免困于1P，一切取决于他的思维。

3P让人在面对不同的情况时，都能把握先机，看得更高更远，让人觉悟，帮助人们接受客观事实，并看到更完整的全局。

3P能让你飞高一点，了解如何取得互利有效的结果，凡事都以如何有利于每一个人为出发点。

当每个人都能受益时，才能达至长远的成功。

3P让你从客观、整体的角度思考

看到故事的全貌

1-2-3，就这么简单

当1P、2P、3P的概念引入公司后，有位经理对下属进行评估时碰到了难题。经理认为下属的表现不理想，下属则认为经理只是从1P的角度做出评价，因而不高兴。

下属说："你应该用2P的角度，站在我的立场考虑我的感受。"

这是很多人对2P的典型误解。运用2P并不代表要放弃自己的立场，认为别人都是对的，你是错的，也无须因为害怕伤害他人的感受而不坦诚反馈。只要是从3P角度追求团队利益，你就可以说出自己的想法，提出不同的观点。

3P始终是首要考量因素，其次才是2P和1P。

仅从1P或2P角度出发处理问题是短视的做法。站在3P的角度，如果我们不给员工直接反馈，会阻碍员工的个人成长，不良习惯或低效做法会继续存在，甚至恶化，继而影响生产、效率和利润，公司的业绩也将受到影响。长远来看，最终导致裁员。员工失去工作，个人利益就会受到损害。

即使你是对的，也不代表其他人就是错的

有3P视角，每个人都能从中受益。

我们要有大局观念。

个人、部门、商业、国家，甚至全球，无论面对什么层面的问题，如果我们用3P去解读并解决问题，事情就会变得简单很多。

通过不断练习和反思，我们才能不断突破，拥有使命感。

以企业为例，每家公司有不同部门，跨部门合作难免出现摩擦。从1P角度来看，各个部门各司其职、独立运作，然而就公司整体而言，彼此应该互相依存、目标一致，共同为公司创造业绩。从2P角度来看，部门之间虽有冲突，但各方都意识到，不一定损人利己才能达至成功。如果大家能有3P的思维，绝大部分冲突都会避免。

此时，大家就会通力合作，朝着共同目标努力。

无论是在商业、社会还是家庭中，只要我们采用3P角度转变思维习惯，就能化解各个层面的冲突。我和家族企业的经历以及1998年的决定性时刻正好说明了这一切。

那时，其中一个议题是有关家族委员会的运作。我连续担任了前四届的委员会主席，后来为了长远发展，我们决定由家族委员会成员轮流担任主席，从而让每个成员都深入了解主席面对的问题和局限。这种模式加深了大家的集体意识，促进团队合作，推动成员投入奉献，提高工作效率，让委员会的工作更有成效。

“支持我的，请举手。”

运用3P的范围并无限制，同样，飞多高也没有极限。你越是能从高处放眼全局，所看到的客观事实就越多，越能为团队争取更多利益。

我们来做个简单的练习，请思考以下问题：

目前你最关心什么？

你可能第一时间会想到家庭，也许关于伴侣，也许关于孩子。

现在请提升你的思考层面，开阔一些，或许你会想到工作或公司。

目前你最关心什么？

让我们再飞高一点，视野再开阔一点。或许此刻你脑海中开始浮现一些社会问题，可能关于环境、教育、住房、国家大事、人工智能及其给未来劳动力市场带来的挑战……

再飞高一点，看远一点。

目前你最关心什么？

你可能想到了一些更宏大、更长远的问题，比如区域或国际大事、饥荒、其他国家之间的冲突、全球变暖……

无论你是从哪个层面思考，想到了哪些情形，你都可以反复问自己同样的问题，然后你会发现自己能从不同的角度出发思考。

这就是3P的力量，让你站得更高，看得更远，不仅能助你解决难题，还能让你思考更重要的事情，塑造家庭、事业，甚至世界的未来。

举例说，运用3P看世界，促使我们探索人类未被满足的需求。健康和快乐是我们专注的领域之一，因此我们捐出2100万美元在哈佛大学建立了李锦裳健康与快乐研究中心，全力支持心理、社会和情绪等领域的学术研究，致力于让世界上各行各业的人活得更长寿、更健康、更快乐。

运用3P剖析问题，你可以看清每个人在大局中扮演的角色，看到终极目标。你可以在不同层次、不同立场之间自如行走。你会发现自己走的每一步都有意义，也会发现自己的目标会根据变化不断调整。

视角的转变

取决于角度

球队

我小时候是右前锋足球员。大约十年前，我重拾了这个爱好，每逢周六约上小学同学一起，我踢前锋。后来我加入了一支由专业教练组织的球队，在周日训练。

我觉得自己是一名进攻型球员，很享受踢前锋的位置和进球得分的喜悦。没想到，加入周日球队的第一天，教练竟让我做后卫，这令我非常意外。要知道我从来没踢过这个位置，可是因为我刚来，没有发言权，只得无奈接受这个安排。于是，每周六我是前锋，第二天却要转换角色踢后卫。

我感到非常不自在。

后卫球员需要掌握的技术完全不一样，我努力了很久，终于转变了思维方式，试着从防守的角度思考。我不断练习和改变自己的思维习惯来适应这个新位置。很快，我学会了后卫的技巧，并且乐在其中。

这个种思维转变激发了我的兴趣。

于是我开始钻研其他位置的踢法，从右后卫到左后卫，再到中后卫，我不断转换角色。担当后卫也让我成长为一名更强大的进攻型队员。在周六的球队中，我也开始试着踢不同的位置，从前锋到中场，从右中场到左中场，从防守中场到进攻中场，我都一一试了个遍。

2018年，我决定再做一些新尝试，体会做守门员是什么感受。我买了一整套守门员的装备，训练了三个月。

我还担任了五人制足球赛的裁判。

后来，我拉伤了肩膀肌腱，无法上阵。结果，我成了周六球队对手的教练兼球队经理，赞助队员的球衣。

就这样，球队中14个位置我都担任过了。

同年，我获选为周日球队的最佳后卫，周六球队的最佳中场和最有价值球员（MVP）。在公司和广东省江门市政府的比赛中，我踢进了两个球，赢得了最佳射手和最佳前锋的殊荣。

用3P来看看这一切，我走出自己的舒适圈，尝试不同的事物，我对他人和自己的认识更深了。我从另一个角度看待比赛和自己在团队中的角色，开始理解不同位置的要求。我的任务是为队友制造机会，责任重大。每个队员都要发挥自己的作用，无论输赢，我们都肩负着同等重要的责任。

Sammy

“Sammy，你拿到球以后传给Sammy，接着传给Sammy，然后踢给边路Sammy，再横穿踢给Sammy，最后Sammy朝球门一脚，进球得分！”

5

好事成三

历史告诉我们，最坚毅、高效的往往是那些目标明确的人。无论在什么情况下，3P总能让我们找到目标，不因为期待成功而产生压力。私利就像个沉重的锚，放开反而会更轻松。无欲而为，才能不迷失于眼前，看到大局。

你可曾试过在某些对话中，或参加某场会议过后，总是懊恼当时表现不佳，要是能换个说法或想法，可能结果更好。

有了3P，很自然地便能看清局势，让你把事情看透，在个人、家庭、工作和社交等方面更顺心。

梦想

有一次，我参加婚宴，坐在一名日本生意伙伴旁边，他问我：“你的梦想是什么？”我想了一下，无论从个人还是职业角度来说，我都有很多梦想想要达成。

“我想创造历史。”我回答道。

“什么样的历史？”他问。

“我没给自己设限。”我说。

这个回答极具野心，既然是做梦，就把梦做大些！

半年后，在我主持的工作坊中，有人问了我同样的问题。那时，我运用直升机思维不断反思，给出了截然不同的回答。因为我发现自己为了实现创造历史的梦想，给自己的心理压力太大了。

于是，我的梦想变成了“随缘”。

我突然意识到，因为有了3P，我将自己从过高的自我期望中解放了出来 —— 让我更容易接近梦想。我会为了梦想而全力以赴，但对是否能达成并不强求。否则就像手里握着沙子一样，握得越紧，流得越快；越要控制，越是失控。

改变梦想或调整达成梦想的优先顺序是举足轻重的一步。有时候太在乎目标的实现，会给自己带来压力，反而容易发挥失常。

我意识到，创造历史并不是最终目的。当我追寻人生意义，做自己热衷的事情时，其实已经写下了历史。3P让我知道真正需要关注的问题是什么，并妥善应对。我的目标会随着事业和生活状态而调整，长远来说，这样的心态能惠及身边所有人。

又过了半年，在另一个工作坊，又有人问我同一个问题，我的答案又变了。这一次，我仍然希望创造历史，但结果如何则顺其自然。我相信，只要放眼未来，同时尽心尽力做好眼前的事，创造历史就是水到渠成的事情。

如果只用1P看问题，我的梦想可能既短视又自私，一定不会如“创造历史”这么伟大。即便是用3P，从个人、公司和全球角度看问题也是三个截然不同的层次。你的眼界越广阔，你的目标才能越远大，成就越非凡。

Sammy

1P将期望变成负担

3P令你自由

3P与我

虽然1998年那场危机影响着我生活的方方面面，但却让我拥有了3P思维，让我意识到把3P应用在日常生活中会获得更多快乐和满足。

一些习惯上的小改变，无论是思维还是行动，都会带来深远的影响，如化解矛盾，让世界变得截然不同。当然，改变习惯并非易事，首先，你要意识到改变的必要性。

我们可以从日常习惯开始，做出一些既实在又容易达成，且效果显著的改变，比如：早起半小时、少喝咖啡多喝水、散步15分钟、每天和孩子聊天、一上午不看手机等。观察这些小改变能不能给生活带来不同。如果有效果，就试着持续一点点地改善生活习惯。

如果能够成功改掉一个习惯，你会信心大增，相信自己可以改变任何习惯。

我个人认为保持身体健康最为重要，一切都从健康开始。如果身体不好，就会连累家人、朋友，对工作和社会也不利。

如前所述，一个人必须先关注自己的品格、健康和幸福，然后才能帮助他人。

唯有拥有健康的身心，我们才有精力去追寻幸福多彩的人生。

在内地创业初期，我每天工作20小时，身体每况愈下。你能说出来的毛病，我几乎都有过：高血压、高胆固醇、脂肪肝、痛风，甚至心脏问题。有一次，我因急性阑尾炎住院，手术出院后却因伤口感染再次住院，一住就是十天，还要禁食，只能靠输液维持营养。我什么都干不了，只好看电视。电视里有很多关于预防疾病的健康节目，那些专家对于如何过得更健康说法不一。我也想活得更健康，但面对这么多不同的方法和观点，我无所适从。

为什么就没有一个大家都适用、简单有效的养生之道呢?

在思考这个问题的过程中，我又灵机一动，想到了一个简单有效的养生法。

那就是散步，每天走一万步。

这个习惯带给我的好处不只是健康，也时刻提醒着我，一个小改变就能让生活大为不同。

用3P来看，我意识到预防疾病须从自身做起，要做到饮食、起居、运动和情志的合理，养成一定的习惯，才能获得健康人生，提升生活品质。

这也是我们推广保健产品的健康理念。我还开始对打坐产生兴趣，现在我每天都会花半小时练习打坐。

5分钟后
回来

这个习惯也改变了我生活的其他方面。

公司刚起步的时候，我80%的时间都待在内地，女儿刚出生都没能陪伴左右。我开始思考，有没有一个简单的习惯能让我和家人的关系更加健康。

于是我开始践行优质一对一的相处时间。

一对一交流和家庭聚会有所不同，与每个家人独处能和他们建立更深的情感联结。我有两个女儿，现在我定期安排时间与每个女儿都单独相处，这已经成为一个风雨无阻的习惯。这样的交流让我们的关系更加亲密，对彼此的了解也日益加深。

“我们需要聊一下，可以跟你面对面沟通吗？”

我时刻提醒自己，我与家人能彼此理解，全赖大家互相尊重，关注对方的生活及情感需求。

最近，一位同事跟我分享了一个故事。她也和我一样有两个女儿，叫Amy和Lily，分别是17岁和12岁。Amy快要上大学了，正在为入学考试做准备。Lily刚刚小学毕业，正在享受假期。

两个女孩同用一个房间，就如很多家庭一样，孩子们经常抱怨没有自己的个人空间。

有天，Amy正在做功课，Lily在旁边用电脑大声播放音乐、看视频，非常吵闹。Amy觉得很烦，无法专注做功课，于是让她妹妹调小音量，但Lily不答应。

“这也是我的房间，我想干吗就干吗。”Lily说。

她们的妈妈并不打算干涉，想看看她们能不能自己解决这个问题，于是给Lily提了点建议。

“Lily，我知道这是你的房间，你当然可以在这里休息放松，但是你能不能也换个角度想想？”

妈妈让Lily想象自己正在看电视，节目里播放的就是她和姐姐的这场冲突，问道：“你觉得谁是不体贴的那个人？”

“人在学习的时候，需要一个安静的环境。你姐姐只能在房间里，但你拿着电脑去哪里都可以。如果你只想待在房间里，也可以戴上耳机，这样你们两个都能做想做的事。”

妈妈解释道，作为一家人，大家都要考虑每个人的需要，要从“我们”的角度，而不是只从“我”的角度看问题。如果行动前三思，就会减少冲突。Lily想了一下，点了点头。不一会儿，她妈妈发现她坐在沙发上戴着耳机听音乐。大家都各得其所。

“这是
‘我’的
房间！”
“这是
‘我’的
房间！”

孩子能带给我们很多启发，我的女儿也启发我找到了快乐的另一个来源。

那就是朋友。

因为工作太忙碌，我总是错过与亲朋好友相聚的珍贵时刻。后来，我决定养成定期与小学同学踢足球的习惯，从中我感受到了莫大的快乐。

3P不仅改善了我与他人的关系，让我重拾踢足球的兴趣，还提升了我的高尔夫球水平！

打高尔夫球的都是群怪人。如果第一洞就打出小鸟（高尔夫球中比标准杆少一杆入洞的得分），我们会马上大喜过望：说不定今天能破纪录呢！但如果发球不利，或者在第二岭丢了一个洞，我们便会一直闷闷不乐。

其实只要稍微集中精神，我们就可以养成专注当下的习惯。知道其他球道和果岭上的情况对我们没什么好处，就算你的对手已经一杆进洞，你也无能为力。

我称这为专注于眼前的“正念高尔夫”：我们只要全神贯注于当下，尽力将眼前的球打进洞，结果如何就顺其自然。

不管你心目中的休闲是什么，请找到能让你放松并享受的事，比如游泳、踢足球、单板滑雪、在林间漫步、打高尔夫，或任何能让你快乐的爱好，通过做这些事能让你的情绪保持积极向上。养成正念思维的习惯，你才能不纠结过去，不忧心未来，专注当下。没了对未知的焦虑不安，你自然会变得更快乐。

你会更懂得放眼未来，人生目标会更明确，从而找到生活真正的乐趣。

正念高尔夫，意味着活在当下

考验

2006年到2017年间，我做过三次乳腺纤维瘤手术。一开始医生并不建议做手术，说通过药物治疗即可。

但从家族病史来看，手术是个更好的选择，因为我外祖母得过乳癌，我母亲也做了乳房切除术，所以医生建议我还是做手术。

那时我还年轻，并没有当回事，好奇心大于一切。三年后做第二次手术时，我才开始有些担心。那时我已为人母，然而我依然没有太注重自己的健康，结果病情恶化了。

直到我须要进行第三次手术时，我才当头棒喝。当时我特别沮丧，结果情况越来越糟。现在想来，当时我是用1P看待问题的。

父母对我的健康状况非常担心，儿子也长大了不少，他察觉到我有些不对劲。他会问我是不是哪里不舒服，建议我多休息，还答应不打扰我，令我十分感动。

当你发现身边的人如此在意自己的时候，便意识到要重视身体健康，不单是为了自己，而是为家人和其他重视你的人。这就是2P。我开始反省是不是应该要为他人，为自己做些什么。

保持身体健康需要坚持和毅力，我开始运动和注意饮食，多菜少肉，减少淀粉含量高的食物，每餐只吃到七分饱。

我还跟同事朋友分享这些心得与经历，希望给他们做榜样，因为言行一致才更有说服力，从而影响到他人。毕竟，身教重于言教。

我逐渐察觉到，我开始下意识地用3P行事 —— 照顾好自己，为家人着想，为社会出一份力。

现在的我更进一步，积极参与社会公益活动，努力为社会做出更大的贡献。

谁会知道我能走多远呢？

Judy

3P与家庭

我们已经谈过如何运用3P改善个人生活和家庭关系，那当工作与个人、家庭有着千丝万缕的关系时，我们该如何应对呢?

李锦记是由我曾祖父李锦裳于1888年建立的家族企业，以发明蚝油起家，现在已发展成中国企业的领先者，更是象征品质和信心的国际品牌。除了200多种酱料调味产品之外，李锦记的多元业务也在增长。现在，我们的业务涵盖了中草药健康产品、中草药原材料、中药产品生产及销售、物业投资、创业投资，以及企业文化咨询。

跟其他企业一样，我们多年来的发展也经历了不少挑战。

当企业与家庭紧密相连时，企业的使命、愿景、策略、发展、文化，以及传承计划都变得别具意义。

人们常说“富不过三代”，然而今天李锦记家族已经蓬勃发展至第六代了。

从创始人到兄弟姐妹辈，到表亲一代也陆续加入集团的业务单元，每多一代都会增加经营的复杂程度，要考虑的因素也随之增多。

随着家族业务由上一代传到下一代，传承发展总是最容易被忽视的问题。家族成员之间往往会因为股权、利益分配、管理等问题，产生矛盾和不快，影响彼此之间的关系。如果这些问题处理不好，就可能变成个人恩怨，甚至导致家庭分裂。我就曾差点造成这样的局面。

在1998年那场危机之前，李锦记的家族业务也曾两次因为传承问题而发生危机。一次是祖父和父亲两代人之间出现了分歧，导致家族巨变和业务重组。另一次是父亲和自己的兄弟因对公司的发展方向意见不同，最终拆伙后互不往来。

到我这一代，我运用3P看问题，马上意识到必须妥善处理这个问题，否则父辈的历史会重演。

我们所有家族成员都应该学习如何应对这些问题，家族委员会因此应运而生。

创始人在面对权力交接时最难做到的是“放手”，也就是交出控制权，让下一代掌舵人带领公司向前。

而兄弟姐妹面对的问题是团队合作。若要业务成功，大家必须时刻本着共同目标，团结协作，令各自的角色、职责、所有权及管理均以家族业务为先，从而共同获得成功。

当兄弟姐妹的子女开始参与家族业务时，他们首先必须了解公司的基础硬件，例如管理制度和组织架构；接着是软件，也就是我们的价值观和文化。

“是时候放手了吗？”

创始人

“队友们，加油吧！”

兄弟姐妹

“我们要提升软件和硬件。”

堂表亲

一般而言，兄弟姐妹辈和管理层往往把精力都花在执行创始人托付的事情上，在企业经营中更关注眼前问题和常规汇报，忽略了企业的可持续发展问题。但当家族日益壮大时，整个家族的永续发展也同等重要。如果我们只用1P看问题，家族和企业可能都会无以为继。

“我 > 我们”看重的是自我，将自身利益摆在大局利益之前。

如果用3P来看的话，我们就能明白，除了照顾自己的小家庭，也要关注整个家族的需要。再把眼光放远一点，我们要考虑的不仅是下一代的需要，也要开始思考1000年后的发展。

这样的想法似乎有些异想天开，但我们认为是可行的，尤其如果我们想传承家业和创造快乐，这是必需的。

如前所述，个人的角色也同样重要。3P并不意味着你失去自己，恰好相反，它让你更清楚自己在大局中的角色，同心协力达至成功。培养良好的品格和身心健康是首要的，先做好自己才能主动承担责任，这对于千年愿景尤为关键。随着家族不断繁衍，要照顾每个人的需要变得更加困难，3P能让大家意识到家人应该互相依靠，以正确的心态为大家谋最大的福祉。

3P让我看到了家族和企业在日常运营中的影响，也让我更清楚了解两者之间的相互作用。

一直以来，这两股力量很难完全分开。所谓家族企业，就是家族和企业两者共同进退。对非家族企业来说，两者关系相对清晰，大家不会互相影响。

在家族企业中，哪些部分归家族管理，哪些部分归企业管理要划分清楚，方便决策时能分开考虑。

与家族密切相关的事情，就从家庭的角度做决定（家族以家庭为先）；与企业相关的问题，就只从业务角度出发（企业以业务为先），做出对企业有利的决策。

利用两者的优势和力量，家族和企业都能变得更稳健。

有见及此，我们有必要建立不同的制度，角色分开。

我们将家族治理相关人员划分为家族成员、董事、股东和管理层等不同部分，并商定了各个领导岗位的任期。家族委员会主席由家族成员轮流出任，以便大家对企业的各项事务有更深入的了解。

不同的家族成员轮流掌舵，同时培养下一代，公司也得以传承、充满活力，继而不断扩展。家族成员参与管理能提升思维高度，高信氛围鼓励大家承担责任、勇于创新，培养赢的心态，敢于尝试。

我是董事会中第四代传人里年纪最小的一个。我会于2029年即65岁时退休，70岁时会从家族委员会中退下来。可能有些人认为这个年龄退休太早了，但我已经决定了。每个人都有放手的时刻，如果不提前明确各职位的任期和连任准备，那只会令继任计划无法执行。

在我们的股权制度方面，每位第四代的兄弟姐妹不论在公司投入了多少时间和精力，是否亲力亲为参与公司运营，都获得同等股权。

这个做法对我姐姐来说尤为重要。

她成家之前曾在公司效劳多年，当她重回公司时，所担任的职位是非正式和比较有弹性的，好让她能平衡公司业务和家庭生活。因此，父亲自然想让她得到公平的待遇。

怎样做才是公平合理呢?

不出所料，父亲的这个提议引发了我们长时间的讨论。最后，姐姐认为太过复杂，为了大事化小和避免争端，她决定放弃股权。

一开始，大家觉得这应该是当下最简单的解决办法了。她既独立，又不需要股权带来的经济支持，也不该给她额外的负担。但是用3P来看的话，我能料想到长此下去带来的隐患，特别是将来她的孩子在家族企业中的位置。最终，我们决定所有兄弟姐妹平均分配股权。这是一个不寻常的决定，应该很少有家族企业愿意这样做。但这个做法的结果是让我们每个人都多了一份责任感和参与感，也避免了“谁该得到多少”的争论。

有了3P，人人都可以抛开顾虑，思考什么对大家才是最好的。

此外，3P能让我们放开个人利益，拥抱“我们”，能更清晰确切地看到未来100年、500年，甚至1000年后的图景，以此来思考如何为第八代、第九代传人做好准备，确保企业能代代相传。

要实现这个愿景，必须由上至下改变习惯和用3P看世界。通过与他人分享、将它运用到生活的方方面面，就能为大家建立一个充满尊重、价值和机遇的健康文化。这样的文化能激励创新，加速发展，孕育使命感、满足感和快乐感，振奋人心。

过节

春节对中国家庭至关重要，每年的这个时候，全国各地的人都会回到家乡和家人团聚。

对已婚夫妇来说，这可是一个难以抉择的问题：要去谁家里过年呢？他家还是她家？

有一年春节，我丈夫想回去看他父母，因为他一家人已经很久没聚在一起了，而我也想回我父母家，因为我已经两年没和他们一起过年了。

我们都不想让步，还花了很多时间劝说对方。

突然，我转了一下念头。

用3P来看，我们想要的都一样，那就是和家人待在一起。其实去哪里过都不要紧，只要一家人在一起。

于是，我们邀请了我公公婆婆来跟我父母一起过春节。

这是一个双赢的解决方案，他父母很高兴可以利用假期出外走一走，我的父母也因为重聚感到开心无比。最重要的是，这是个让两家人加深了解的绝佳机会，毕竟他们只在我俩的婚礼上见过彼此！

第二年，我带父母到丈夫家过年。一个新的家庭传统诞生了！

Bell

“我们真的要争论去谁家过年吗？”

3P与企业

心怀使命感，3P让我对领导力有了新的认识。我开始审视自己在公司的角色，思考怎样才能更好地服务大家。

回想一下你曾遇到的总经理、总裁或首席执行官，你会发现他们当中有些人也缺乏3P思维，要么对下属表现得自私、漠不关心，要么事无巨细都要过问。其实深层的原因是他们想要保护自己的利益和地位，生怕自己的功劳受影响，做决定时总是思前想后。

“试着从3P角度看待问题。”

从历史上来看，人们评价一个领导者是否优秀，不是看他们出席了什么活动或说了什么，而是看他们做了什么。

老子将领导分为四种类型，分别是令人憎恨的领导、令人惧怕的领导、自然领导，以及最高境界的无形领导。他认为最高明的领导让人几乎感觉不到他的存在。

我被老子的理论所吸引，也下定决心要做一个无形领导。

当然，无形领导并不代表不存在，而是不出现也同样可以发挥影响力。

自然领导会令人仰慕，人们愿意追随他。无形领导则有使人信服的价值观和文化，他本人不一定经常出现，但员工也会深受启发和积极主动地工作，为公司的共同目标奋斗。

扮演无形领导的角色，我能比做一个执行者、监督者或指挥者发挥更积极的影响。帮助他人实现目标让我更有满足感和幸福感。通过包容他人，了解他们的感受、想法和贡献，我也获得了成长。

比如在足球队，我的位置相当于总教练。一支球队有健身教练、防守教练、进攻教练、资深教练或球队经理，你可以把我看作这些教练的教练。

随着我对教练这个角色越来越熟悉，无形领导的能力也与日俱增，我甚至把自己在公司的头衔从首席执行官（CEO）改成了首席无形官（CIO – Chief Invisible Officer）。

作为首席无形官，我看得更广更深。身边的人不知不觉中帮助了我，用贝蒂·蜜勒（Bette Midler）的话来说，他们是我羽翼下的风，让我振翅高飞。

无形领导还能培养尊重员工的意识，鼓舞、激励和启发各个层级的员工，让他们感到备受重视，从而更快乐。

改变自己的思维习惯后，我创新企业文化，营造更愉快的工作环境。从1P转换到3P，也让我重新审视自己的角色，过去人人为我，现在变成了我为人人。

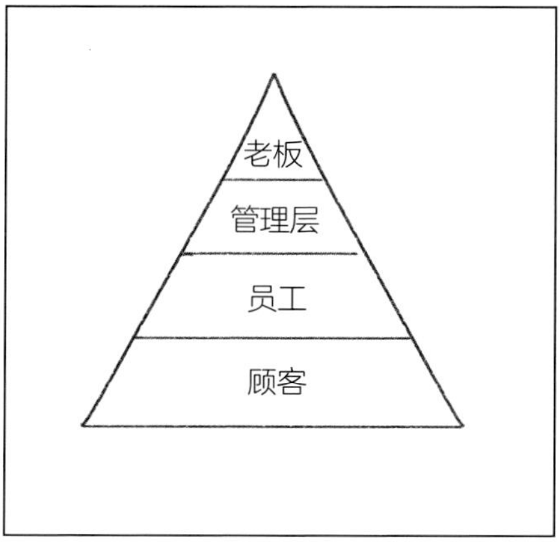

运用3P前

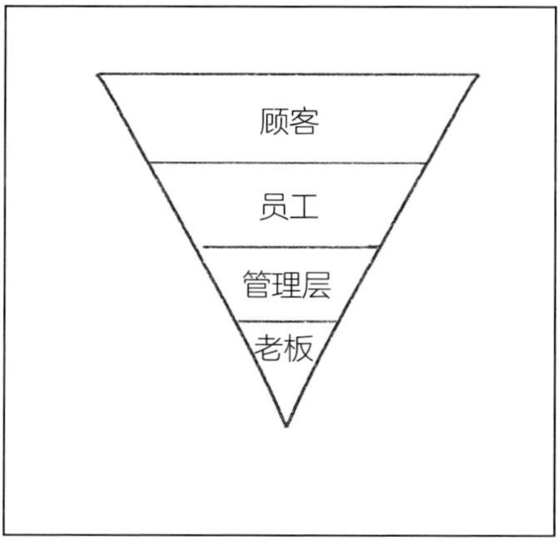

运用3P后

退居后方、积极授权和相信同事的能力，使我有时间和精力去思考长远目标和战略，以及建立有利于未来发展的企业文化。放手日常运营事务之后，我的重心转移到确立企业使命和发展方向上，而如何朝着该方向前进则交给管理人员负责。我快人半步，专注规划公司未来，平衡家族和企业的需求，因而彻底告别从前那种没日没夜的苦干。

重新定义自己的角色后，我不再身兼多职，而是专心做好一个角色，也不再要求自己凡事做得十全十美。公司里有些地方我是没有去过的，因为根本不需要，比如广州的很多员工从来没有见过我本人，但他们都知道我是谁、我干什么。

我虽然是无形领导，但我的影响是有形的。这也让现在的我更加灵活变通。

“员工说我不够灵活。”

公司创业之初，前三个月的销售额只有3万元人民币，25年后我们迎来了前所未有的2190倍的投资回报。此外，我们屡次获评为最佳雇主。我们建立了一家拥有独特企业文化、可持续发展的全球企业。3P让我凡事看得更全面、更深入和更长远，高调做事，低调做人。

我以此为基础，创立“自动波领导模式™”[①]，并出版了一本书来分享这一理念。

我遇到过很多创业者想在所有事上都亲力亲为，他们相信凭着坚定的信念和热情，事无大小都亲自出马，终归会成功。但结果往往不尽如人意，他们经常遇到经营瓶颈，不仅让自己非常辛苦，员工也喘不过气来，从而产生不满情绪。

---

① 请见本书第 130 页进一步了解自动波领导模式。

自动波领导模式™就能解决这个问题。

3P助你看得更透彻，洞悉未来，变得更有远见。

我于2012年出版以3P为本的《自动波领导模式》一书，并于2016年建立了自动波领导力实验室，让志趣相投的人聚在一起，体验在办公室营造“爽”氛围的价值，感受助人成长的乐趣，以及领悟在开创成功的路上信任是多么重要。通过分享经验，参与者共同开始了属于自己的自动波旅程，进而培养更多无形领导。

广告公司

我从事广告业30年了，对客户部和创意部之间的频繁冲突早已习以为常。

有一次，我为一款护肤产品做策划，开始还挺顺利的，但在撰写文稿描述产品优势时遇到了分歧。创意部的版本较为通俗、口语化，而且有内涵，但客户部认为不够清晰，想直接用简报里的描述，双方都不肯退让，陷入僵局。

这样的讨论很容易上升为冲突，因为各部门都只从自己的角度出发。后来，他们来问我的意见。

“Richard，你喜欢哪个？”

我一般会跟着直觉或个人喜好走，但这次我建议大家放下对产品或创意的考虑，改为从消费者的角度思考。

“哪一个会让消费者更有共鸣，更容易理解？”

对于一些同事来说，这肯定是他们第一次尝试站在别人的角度思考。他们突然间要从另一角度，也就是3P角度看问题。讨论过后，双方才明白过来，其实彼此都没有错，之前的争论简直是浪费时间。

问题的重点并不是双方的文案谁对谁错，而是哪个才是让消费者最能理解、最合适的，哪个最能击中他们的心坎，从而带动销量。

有了这样的认知，大家同意如果要让目标顾客产生共鸣，最好就是用他们的语言来表达。于是我们决定使用浅显易懂、富创意的大白话版本。

后来广告非常成功，观众不仅被产品的优点吸引，调查还显示有95%的消费者能记住我们的广告语，甚至还成了易于传播的日常用语。

这个案例让公司相关的同事恍然大悟，如果每个人都能站得够高，看得够远，就会发现其实大家的目标是一致的，都是想有效地向消费者推介产品，那么各个部门就可求同存异。

打从这儿以后，客户部与创意部自然地相互协调合作，各部门之间的联动也更加高效，广告成品质量也越来越好。我们放下个人偏好，学着如何寻求共赢。

“我们”比“我”更强大。

Richard

3P与社会

3P带来的思维转变，让我成为变革先锋，为自己和身边的人带来改变。除了家庭，社交圈子和公司，我还开始探讨在其他领域培养更多的无形领导，期待他们为小区和社会做出贡献。

无论中国还是全球，家族企业都在经济和社会架构中占据重要地位，在传承和培育下一代方面都面临着相似的问题，只是大部分企业都没有提前考虑。

有了3P，我认为我在这方面的经验可以给其他家族企业带来一点启发。

家族企业在中国乃至全世界的社会经济架构中发挥着重要作用。例如，中国目前有300万家以家族企业为主体的中国民营企业正同时面对继承和永续问题，他们贡献的税收超过50%、国民生产总值超过60%，而且负责70%以上的创新科技和产品研发，还提供80%以上的工作岗位，创造了90%以上的企业数量。

家族企业一旦倒闭，影响将很大。

为此，我们成立了家族企业群体事务部（FBCAD），旨在分享家族治理经验，为家族企业群体提供有益借鉴，开展家族企业传承与健康发展的探讨和研究，推动中国家族企业可持续发展。我把眼光再放远一点，从全国乃至全球的角度出发，推动了中国民营经济研究会家族企业委员会（CFBC）的建立。除了就家族企业做不同的研究工作外，CFBC还关注这些主要企业的发展，鼓励企业交流和分享。通过将家族企业连接起来，CFBC成为政府与企业之间的桥梁，为中国家族企业的可持续发展创造更好的环境。CFBC编写的白皮书已经成为政府就家族企业传承方面的参考。

这些都不是他人要求我做的，而是我发自内心希望能帮助他人而做的。3P提升了我的思维，在“我们 > 我”的观念的启发下，我的思想行为悄悄地改变了，以上的行动就是最佳证明。

今天，科技飞速发展，从AI到Web 5.0，日新月异。希望懂得这方面的人才能以3P善用他们所有的知识和资源，改善社会和人类福祉。

这个概念同样可以应用到地区、国家和国际事务中。

如今，企业社会责任计划已成为每家公司必须做的事情。这无疑是好事，但多数公司开展企业社会责任的做法是先考虑什么项目会对公司有利，这其实是从1P的角度出发。正如前文所述，我们应该时刻把3P放在第一位。

我们应考虑哪些是真正需要我们帮助的人？怎样做才能切实帮助到他们？

假如一个为天灾人祸提供医疗救助的非政府组织是以1P方式运营的，那么，它的工作人员最在意的会是自己的安危，而不是那些需要救援的人。

若以3P为原则，大部分企业的社会责任项目将会是另一番面貌。以此为出发点，我们成立了哈佛大学李锦裳健康与快乐研究中心、家族企业群体事务部和自动波领导力实验室[①]，这些项目带来的影响其实比我们预期的还要深远。

帮助他人过得幸福充实令我的人生更有目标和意义，还能带来长久的好处，令世界变得更美好。

通过设立自动波领导力实验室等项目，参与者能学习应用自动波领导模式™，从而促进人们之间建立互

---

① 请见本书第 130 页进一步了解自动波领导力实验室。

惠关系，达至共赢。通过结合东方智慧和西方现代管理思想，每个人都能实践和拥有无形领导精神，并培育新一代无形领导，形成一个不断传承进化的实践与反思模式，让我们的生活和职业都能有所突破。

为了能让大家体验更加充实快乐的人生，我还创立了“爽工程”项目①，每期的工作坊会有特定主题，探讨生活习惯的简单改变所带来的正面影响。这个短期课程提倡学以致用，检讨效果并反馈心得，集合学员个人的成长改变，共创知识宝库。

学、做、教，循环不断。

之前，我花了几周时间参加过好几个知名大学和学术机构举办的培训，深入学习过的理论没记住多少，反

---

① 请见本书第128页进一步了解爽工程。

而是那些短期实践课程让我印象最深、收获最多。人的沟通理解能力有限，如果不反复应用，很快就会忘记。俗话说，用进废退，所以不断练习、实践所学是至关重要的。

最好的学习和改变方法就是从实践中学习。

实践 + 反思 ⇒ 突破

爽工程把以上原则融入课程，从家庭事务、教导孩子养成良好习惯，到建立高效团队和管理业务，涵盖了生活的方方面面。

践行“我们 > 我”，能让你更高效、快乐地去做任何事情，同时还能帮助他人过上更加充实、幸福的生活。

学
做
教

台风

有一年，一场超级台风席卷香港。狂风暴雨过后，城内一片狼藉，瓦砾碎片和断木枯枝散落一地。

一般来说，政府会派人清理修复，一切将会回复原貌。虽然人力有限，需要一段时间才能回复正常，但最后总会完成清理工作。

然而，有些人却不这么想。

台风过后的清晨，我的邻居前去海滨长廊帮忙做灾后清理。这里向来是人们慢跑、散步、锻炼的好地方，台风过后马上成了废墟，路面全是碎石乱瓦和刮断的大树，儿童游乐区被水淹没，人行道的路面都被冲出裂纹了。

这位邻居和她的几个朋友自发把砖块收拾堆放在路边，路人见了，也加入进来。有人拍下这一幕发到社交网站，更多的人看到后赶来，一起帮忙。

不光是这里。

城市各个角落都出现了这样的志愿者，主动承担了大量的清理工作。大家在社交网站发文呼吁人们到受灾最严重的地区支援。各区的人应召纷纷到来，其中一个灾区的志愿者多达4000人。父母带着孩子、老师号召学生，还有穿西装打领带的白领们，无论说什么语言、来自哪个阶层，社会各界人士都一起加入灾后清理。

人们意识到，社区属于我们大家，所有人都有责任共同维护。

正因每个人都从3P的角度思考，这项可能耗时数周的任务仅用几天就完成了。

Vivien

“这里是香港相对没受台风影响的地区。”

6

从这里出发

1998年那场改变人生的危机，让我明白：只要稍微改变思维方式和习惯就能产生巨大影响。将3P应用于生活各个方面，便能打开一个充满无限可能和机遇的世界，还能给生活、职业带来超乎想象的成功和快乐。

摆脱自我利益的束缚后，我深受启发，开始思考如何帮助他人过上更充实、和谐、有质量的生活。这并不局限于家人、朋友和事业，我还把这个理念推广到社区甚至世界，希望能做出更大贡献，因此促成了成立哈佛大学李锦裳健康与快乐研究中心等项目。

真心想拓宽视野
就要打开思路。

我们组织了一系列工作坊和企业文化项目，帮助参与者了解3P的好处并加以运用。参与其中，你也可以打开通往健康幸福之门。

幸福之路始于足下。

再进一步，成为大局中的一员，当你意识到“我们 > 我”，便会发现生活原来可以这么美好。

爽工程

爽工程以“5+1+其他”框架（包括健康、家庭、工作、朋友和休闲等关键领域）为基础，套用3P在日常习惯中进行小改变，从而启迪心灵，给生活各个方面带来平衡、持久的快乐体验。

共创快乐的秘方

这是一个持续不断演变的过程，通过分享经验、学习、实践和反思，你将培育出让人生充实和谐的思维方式，从而有能力帮助更多的人，还能感染他人一同助人为乐。这个过程循环往复，得到帮助的人便会越来越多。

诚邀你发送邮件至cs@projectheha.com与我们联系，你的旅程将从这里开始。

自动波领导力实验室

自动波领导力实验室设计的工作坊旨在让领导者体验思维转变和组织文化，让团队做好准备，实现新的目标。工作坊以实验和体验为本，将自动波领导模式™与行之有效的“学、做、教”方法相结合，提高参与者跨文化、跨领域的领导能力和意识。参与者需要一起找出、创建和开发可以提高组织效率和效能的领导工具。自动波领导模式™的主要内容包括：

- 选对人才
- 高信氛围
- 高效团队
- 共同目标
- 有效授权
- 教练育才

自动波领导力
实验室

成为自动波领导，让你朝着更明确、更有意义的目标迈进，建立一套可持续的团队文化，以适应快速发展、竞争激烈的商业环境。

今天就加入我们，开始你的自动波旅程吧！

自动波领导力实验室网站
https://www.allab.com/

后记

许多人已经踏上了通往快乐的旅程，运用直升机思维和3P，在生活各个领域和他人建立更有质量、更有意义的和谐关系。

你愿意分享你的旅程和经历吗？

欢迎发送邮件至bookreview@projectheha.com，分享你阅读此书的心得和你的故事。

共同创作就是共同学习，实践、反思和分享所学。分享快乐，就能加倍快乐。

我的经历告诉我，将3P结合习惯并加以实践便能活得更幸福。这些小改变再加上使用直升机思维转换思考角度，便能在个人、家庭、职业和社会层面上有所领悟，把事情看得透彻。

有了3P，领悟力会成为你的本能，在生活和工作上融会贯通，运用自如。

准备好踏上这趟旅程，让思维更上一层楼了吗？

领悟的智慧和快乐触手可及。